小牛顿
动物生存高手

小牛顿科学教育公司编辑团队 编著

捕猎篇

U0378368

扫描二维码回复【小牛顿】

即可观看独家科普视频

北京时代华文书局

目 录
contents

关于这套书

　　大自然奇妙而神秘，且处处充满危机，动物们为了存活，发展出种种独特的生存技巧。捕猎、用毒、模仿，角力、筑巢和变性，寄生与附生的生长方式。这些生存妙招令人惊奇，而动物们之间的生存竞争也十分精彩。

　　《小牛顿动物生存高手》系列为孩子搜罗出藏身在大自然中各式各样的生存高手，通过此书，不仅让孩子认识动物行为和动物生理的知识，更启发孩子尊重自然，爱护生命的情操。

捕食高手

▶ 本单元含视频

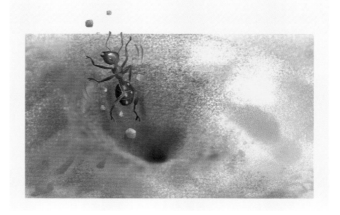

用毒高手

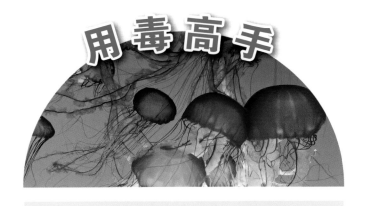

模仿高手

▶ **本单元含视频**

非洲草原上的猎豹，只要发现猎物，身体就会贴近地面，用毛发的保护色，隐身在草丛中，悄悄接近猎物。一旦出现机会，大猫便猛然一跃，扑向猎物，咬住猎物的脖子，直到猎物断气为止。

捕食高手

　　生活在野外的动物，一天之中最重要的工作就是捕食，抓到猎物吃，它们才能够生存下去。因此，许多动物发展出奇特的捕猎技巧，以出奇制胜的方式，成功捕获猎物，饱餐一顿。究竟动物们有哪些令人惊叹的捕猎技巧呢？

扫描二维码回复【小牛顿】

即可观看独家科普视频

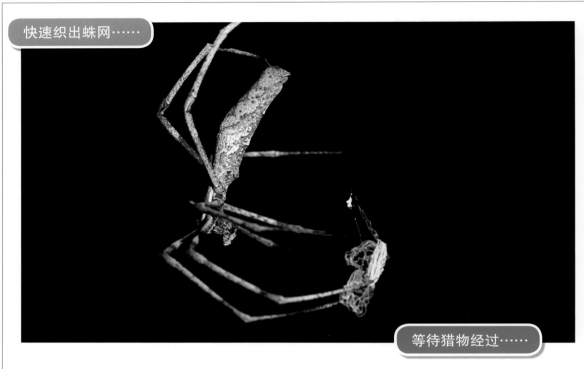

快速织出蛛网……

等待猎物经过……

鬼面蜘蛛撒网捕虫

　　一般蜘蛛会将网挂在树枝上，静静等待猎物误闯黏住，蜘蛛再趁机捕捉。但是，鬼面蜘蛛却不将蛛网固定在树枝上，而是采取主动出击的方式。鬼面蜘蛛会随身携带蛛网，它将织好的一小张蛛网，用脚抓住，并到处寻找猎物。鬼面蜘蛛的视力很好，当它锁定猎物后，会仔细盯住猎物，并将脚上的蛛网对准猎物，当猎物靠近时，鬼面蜘蛛立刻拉大蛛网套向猎物，就像撒渔网捕鱼一样，昆虫立刻成了它的囊中之物，想逃也逃不了。鬼面蜘蛛因为这种独特的捕猎方式，所以又被称为"撒网蜘蛛"。

鬼面蜘蛛广泛分布在热带及亚热带地区，通常晚上才会出来捕食。鬼面蜘蛛捕食时，蛛网可以拉大 4 ~ 6 倍。当它以蛛网快速罩住猎物并包裹后，会立刻注射毒液麻痹猎物，再慢慢享用。

布好陷阱后……

就等猎物慢慢靠近……

暗门蜘蛛守株待兔

　　暗门蜘蛛利用"布陷阱"的方式捕猎，它挖掘地穴，藏身在洞穴中，并在洞穴里面和洞穴外四周，铺设密密麻麻的蜘蛛网，最后，将洞口的泥块设置成一个活动式的盖子，就像暗门一样，这道暗门与周遭环境非常相像，所以不容易被发现，暗门蜘蛛就躲藏在暗门后，等待猎物经过。当小昆虫经过洞口附近，触动它布下的蛛丝时，暗门蜘蛛会立刻发觉，并快速冲出洞口，对猎物发动攻击，并且立刻将昆虫拖进洞里，用蛛丝捆绑，再慢慢将猎物吃掉。

当猎物进入猎捕范围时，立刻冲出，捕捉！

暗门蜘蛛利用蛛丝当警报器，一旦有小昆虫触动蛛丝，它会立刻冲出洞口，将猎物拖进洞穴中，整个过程不到 1 秒钟，速度极快，在它的猎物还未意识到危险前，就已经命丧黄泉。

蚁狮体型娇小，不到 1 厘米，但有着致命的大颚……

大颚

蚁狮的流沙陷阱

　　蚁狮是蚁蛉的幼虫，它的大颚形状像钳子，并有尖锐小刺，是蚁狮捕食的工具。蚁狮是肉食昆虫，最喜欢吃蚂蚁，它会在沙地上以倒退绕圈的方式，挖出漏斗状的坑洞，做出"蚂蚁陷阱"，蚁狮就埋伏在沙坑的最底端，耐心等待猎物踏入陷阱。一旦有蚂蚁接近沙坑，沙坑上方的沙粒就会崩落，带着蚂蚁一路往下滑，不管蚂蚁如何挣扎，都无法逃脱。当蚂蚁滑落到坑洞底端，蚁狮马上张开又尖又利的大颚钳住蚂蚁，大快朵颐一番。

它在沙堆中挖出漏斗形陷阱……

蚂蚁掉入陷阱后……

当蚂蚁掉入陷阱，蚁狮会钳住蚂蚁并吸干蚂蚁的体液，再将蚂蚁空壳抛出洞外，然后继续守在陷阱下方，等待另一只猎物上门。

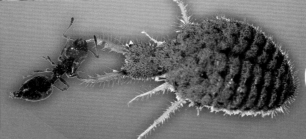

蚁狮立刻将蚂蚁吃掉。

毛躄鱼静静停在海底摆动诱饵，准备钓鱼……

躄鱼·鮟鱇 放饵钓鱼

　　躄鱼的外表看起来就像珊瑚或海草，它的头顶端挂着外形类似蠕虫或树叶的假饵，这是躄鱼的钓竿，当有猎物靠近时，躄鱼便竖起钓竿，朝小鱼左摇摇、右晃晃，让小鱼误以为是食物而游近，躄鱼便瞬间将小鱼吞进肚里。

　　鮟鱇鱼栖息在深海海底，不太会游泳，它们也利用"钓鱼"的方式来捕食，它们的前背鳍特化成像钓竿的构造，钓竿顶端有发光器，发光器里有上百万只发光菌，发出的亮光足以吸引猎物前来，当猎物靠近，发现状况不妙时，鮟鱇鱼早就张开大嘴，一口把猎物吞下肚了。

有虫耶，快来吃！

11

吐泡泡围住鱼群……

水泡网

座头鲸 水泡网捕鱼法

座头鲸是海洋世界中的大个子，可以长到十四米长，但它最爱吃的食物却是海中的小不点——磷虾和沙丁鱼。磷虾和沙丁鱼在大海中喜欢成群结队，为了吃到它们，平时独来独往的座头鲸，会一起合作捕食，在鱼群下方围成圆圈，用头顶的呼吸孔吐泡泡。大量的泡泡会把鱼群包住，让鱼群动弹不得，接着座头鲸会渐渐缩小圆圈，集中鱼群，最后，所有的座头鲸会同时张开大嘴、向上冲，把成千上万只鱼装进嘴里，享用美味的一餐。

张开嘴往上冲，大口吃鱼！

座头鲸捕鱼时，会用泡泡把鱼群驱赶到海面上，再大口连同海水一起吃下。座头鲸吃进嘴里的海水，会再流出，它嘴里的鲸须可以挡住食物，不让食物连同海水一起流出嘴外。

好……麻啊！

电鳗放电攻击

电鳗居住在南美洲亚马孙河里，亚马孙河的河水非常混浊，而电鳗的体型又大又笨重，视力也很差，在混浊的河里根本看不清猎物。为了捕食，电鳗发展出特化的放电构造，当遇到猎物时，电鳗会游近猎物，并放出强烈电流，电压可达到 600 伏特，猎物在一瞬间就会被电晕，电鳗再一口将猎物吞下。平常没有捕猎时，电鳗也发出微弱的电流，当作小型雷达，可以用来侦测猎物的位置。电鳗不只在水中可放电，在陆上也能放电攻击其他动物。

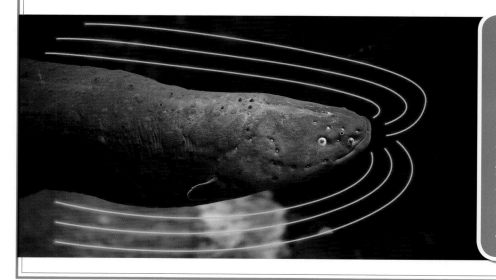

电鳗有特化的放电细胞，这些放电细胞就像小型电池一样，捕猎或受到惊吓时，会产生电流，瞬间电压甚至可高达 600 伏特，但只能维持短暂时间。电鳗平常就会放出微弱的电流，它们头里面有电流感受器，可以透过电流的变化，来得知猎物的位置。

15

以色列金蝎栖息在炎热、干燥的沙漠地区，动作敏捷又凶狠，稍有风吹草动就可能发动攻击，用尾部的毒刺刺入敌人的体内，注入毒液，造成对方瘫痪甚至死亡。它们也会用毒刺来猎食。

用毒高手

　　动物界里有一类动物，它们不用尖牙、利爪，却以致命毒液，成为动物界的超级杀手。这些毒液是它们猎捕食物的重要工具，只要注入毒液，让猎物的身体瘫痪，不用花力气追捕，就能享用丰富的大餐；而且毒液也是它们保命的利器，可让其他动物感到惧怕，不敢轻易捕捉它们，因此提高它们生存的概率。

黑寡妇蜘蛛是世界最可怕的毒蜘蛛之一，它的体长不到5厘米，全身黑漆漆，腹部有红色的沙漏图案。

黑寡妇蜘蛛 致命的毒液

　　黑寡妇蜘蛛生活在热带或温带地区，也会在居家环境如厨房、厕所出现。它们的网不大，活动范围大多停留在自己的蛛网上。当猎物被蛛网缠住时，它会马上从栖息处走出来，奔向猎物，并迅速用蛛丝缠捆猎物，再以尖牙注入毒液，麻痹猎物，这时它会紧抓住猎物，等猎物不再挣扎后，再将消化液注入猎物体内，待消化后，再吸光猎物体内的汁液。黑寡妇蜘蛛利用致命的毒液来捕猎，几乎无往不利。黑寡妇蜘蛛猎食多种小动物，如蝗虫、蜻蜓、蝴蝶、蚂蚁、蜂类、蜈蚣、蝎子、小蛇等。

蜘蛛口器上的毒牙

世界上有 3 万余种蜘蛛，其中毒性会致人于死的大约只有 10 种，黑寡妇蜘蛛就是其中之一。它们的毒牙和毒腺相通，它的毒液为强烈的神经毒素，可以快速麻痹猎物，甚至让猎物死亡。

毒牙

毒腺

雄蛛

黑寡妇雄蛛体型小，没有强烈毒液，大部分雄蛛在交配后，都被雌蛛吃掉，能幸运逃脱的雄蛛少之又少。

雌蛛

20

连情人也吃掉的黑寡妇

　　黑寡妇蜘蛛的雌蛛体型比雄蛛大，雄蛛体型大约只有雌蛛的一半。雌蛛与雄蛛交配后，雌蛛经常将雄蛛吃掉，以补充营养，因此这种蜘蛛便有了黑寡妇之名。黑寡妇蜘蛛极富母爱，产卵前，它会先用蛛丝做成一个平台，将卵产在上面，并用蜘蛛丝把所有的卵包覆起来，做成一大颗的卵囊。母蜘蛛会守护卵囊，20～30天后，即能孵化出300～400只小蜘蛛。

眼镜蛇 致命的尖牙

　　眼镜蛇是世界上最毒的动物之一，它们有着尖锐的毒牙和致命的毒液，这是它们猎捕食物的最佳武器。它们吃小动物维生，用袭击的方式，一口咬住猎物不放开，并用毒牙将毒液注射进入猎物体内，给猎物致命的一击，毒液里含有能麻痹神经的毒素，让猎物身体瘫痪，动弹不得，再慢慢吞下猎物。眼镜蛇的毒液是它们猎食和防身的武器，也让其他动物对这种拥有剧毒的蛇类敬而远之！

眼镜蛇遇到危险时颈部会向左右两侧扩张，让自己看起来比平常大两倍，用来威吓敌人。它们背后出现眼镜般花纹，则是被命名为眼镜蛇的特征！眼镜蛇科的蛇多具有剧毒，包括眼镜王蛇、曼巴蛇等。

当猎物被毒液麻痹后，眼镜蛇会张开嘴，用吞的方式，慢慢把猎物吞下，因为它的上下颚是活动式的，嘴巴可以张得很大，所以，即使是体型比它的嘴还大的猎物，它都能够吞进去。

毒液也是防御工具

　　眼镜蛇里的喷毒眼镜蛇，在捕捉猎物时，会用毒牙咬住猎物注射毒液，让猎物瘫痪，再吃掉它们。而当喷毒眼镜蛇遇到危险时，它会使出比一般眼镜蛇更厉害的大绝招，就是将毒液喷射出去！喷毒眼镜蛇会瞄准敌人最脆弱的眼睛喷射毒液，而且非常精准，射程可达 2 米远。毒液虽然无法直接穿透皮肤毒死敌人，但是可让眼睛暂时失明，眼镜蛇因此有时间逃跑。

喷毒眼镜蛇的毒腺四周有肌肉，只要肌肉用力收缩，挤压毒腺，毒液就会从毒牙尖端的小洞喷射出去。但是毒液是非常珍贵的，除非万不得已，喷毒眼镜蛇是不会轻易喷出毒液的。

眼镜蛇头部有毒腺，与毒牙相连。毒牙是中空的，约有 4~6 厘米长，毒液从毒牙的沟槽流出。眼镜蛇的蛇毒属神经毒，可以干扰其他动物的神经系统，使它们瘫痪，甚至死亡。

毒牙

毒腺

箭毒蛙栖息在中南美洲的雨林中，当地的原住民会将它们身上的毒液涂在箭上，当作武器，所以它们才得到"箭毒蛙"的名称。

箭毒蛙 美丽的剧毒皮肤

　　箭毒蛙体型很迷你，只有 1～6 厘米大，它们身上五颜六色的皮肤，让它们在丛林中很引人注目，不过这些鲜艳的颜色，其实是警戒色，警告其他动物"我有剧毒！"箭毒蛙的毒来自于食物，它们会吃下有毒的昆虫和草类，把吃进的毒素累积在自己的皮肤里。光是一只箭毒蛙身上的毒性物质，就可以杀死一千名成年男子。所以，即使是丛林中最巨大、最凶狠的掠食者，看到箭毒蛙也要小心地闪开，以免误触美丽的死亡陷阱。

> 箭毒蛙的种类很多，每一种皮肤颜色都不同。所有的箭毒蛙都有毒，但人工饲养的箭毒蛙，因为吃的食物没有毒，身体没办法累积毒素，所以是无毒的。

科莫多巨蜥吐舌嗅闻空气中猎物的味道。

科莫多巨蜥 留下毙命的伤口

　　印度尼西亚科莫多火山岛上的科莫多巨蜥，是印度尼西亚群岛上最恐怖的杀手，它也是世界上最大的蜥蜴，体长可达 3 米，体重有 70 千克。科莫多巨蜥体型巨大，行动缓慢，因此它猎食的方式以突击为主。它会先埋伏在草丛中等待猎物，当猎物经过时，再冲上前去咬伤猎物。猎物挣扎后，通常都有机会逃脱，但是，却无法逃出死亡的威胁，因为科莫多巨蜥的口水中，充满各种致命的细菌，被咬伤的动物，伤口不易愈合，且血流不止，最终一定丧命。科莫多巨蜥再利用灵敏的嗅觉追踪它们，找出死亡的猎物，并吃掉它。

科莫多巨蜥身上虽然没有毒液，但是，黏稠又充满细菌的口水，却是它致命的特调"毒药"，任何被沾染到的动物，都将断送性命。

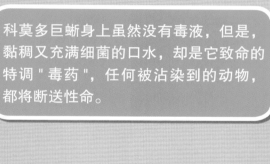

口水

发现猎物时，它先埋伏再突袭，并给予猎物致命的一咬。

29

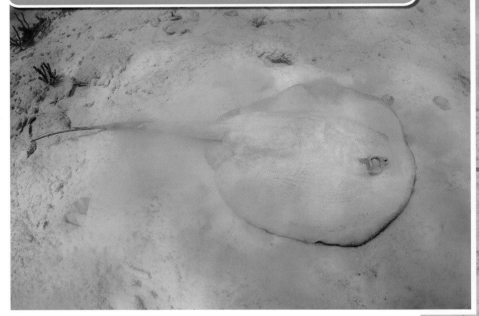

魟喜欢躲在海底，用泥沙覆盖身体，让大家尽量别发现它！

魟鱼 隐藏的毒刺

　　魟鱼生活在热带及温带海洋中，它的身体扁平，没有背鳍和尾鳍，但它的胸鳍非常宽大，尾巴很长，游动时看起来就像在海里飞行。魟鱼喜欢利用海底的砂石当掩护，停在海底休息，当魟鱼受到威胁或攻击时，它会甩动尾巴，用尾巴上的毒棘攻击敌人，毒棘里有毒液，魟鱼的毒液毒性很强，被刺到的动物很有可能会丢掉性命。

毒棘

一遇到危险，魟会利用尾部的毒刺攻击敌人。

魟鱼喜欢吃贝类、虾蟹类，它们会贴近海底寻找食物，当找到食物时，在身体下方的嘴巴就像吸尘器一样，将食物吸进嘴里。

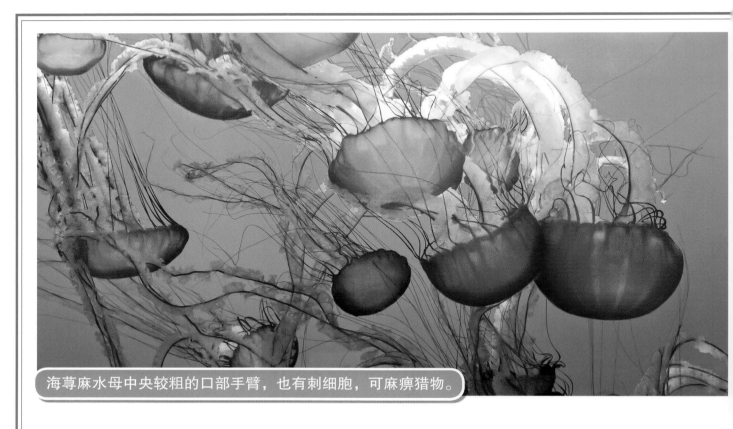

海荨麻水母中央较粗的口部手臂，也有刺细胞，可麻痹猎物。

水母 难防的毒刺

　　不管是海洋或湖泊中的水母几乎都有毒。它们利用触手捕捉猎物，触手上面的毒可麻痹猎物。海荨麻水母经常出现在近海中，它们的触手可多达 40 只，每条触手都有刺细胞，可麻痹猎物。全世界最毒的水母，是澳大里亚以及新几内亚海中的箱型水母，它们有"海黄蜂"之称。箱型水母外表像个小箱子，也像倒立的钟，在水中时呈现半透明状，它们的游泳速度很慢，只能随着海水载浮载沉，猎捕不小心游近它们身旁的小动物，它们可以感应光线亮度的差异，来找出猎物的位置，并加以捕猎。

箱型水母的触手非常多，而且长度很长，最长可达9 米，它们都用长触手来捕捉猎物。

蓝环章鱼 剧毒警示灯

　　蓝环章鱼只有高尔夫球般大，皮肤里有能变色的色素细胞，可以改变体色隐身在环境之中，让敌人与猎物看不见它，等到有小型的虾、蟹、鱼类靠近，蓝环章鱼就会瞬间发动攻击，一口咬住猎物，并且注入致命的毒液，让猎物瘫痪，再用强而有力的喙将猎物撕碎，一口口吞下。蓝环章鱼的毒性极强，万一有动物不小心惊吓到它，它的体色会瞬间变成亮黄色，并且快速闪烁身上的蓝环，警告对方不要靠近它，否则后果不堪设想。

蓝环章鱼又称为豹纹章鱼，广泛分布于太平洋的西部海域。蓝环章鱼与其他章鱼一样，会随着环境的颜色来改变体色，让其他动物很难发现它。

一旦被激怒，蓝环章鱼会立刻变成黄色，并闪动它的蓝环，就像警示灯一样，告诉对方自己可是很毒的！

姬花蛛是一种蜘蛛，它不用蜘蛛丝捕捉猎物，而是利用身体的颜色，隐身在花、叶中，再伺机捕食。

模仿高手

　　在动物的世界里，弱肉强食是唯一准则，没有一技在身，可能下一秒就被敌人吃掉！为了不成为别人的食物，没有防身武器的动物，演化出了惊人的模仿能力！透过高超的模仿技巧，惟妙惟肖的变装隐藏自己，不仅能躲过天敌的攻击，还能帮助自己捕捉到足够的食物，顺利生存下来，成为大自然生存战中的胜利者！

扫描二维码回复【小牛顿】

即可观看独家科普视频

镰刀状的前肢是兰花螳螂最重要的捕食利器，拟态模仿则是帮助它提高捕食成功率的方式。

兰花螳螂 巧扮兰花抓猎物

　　兰花螳螂生活在亚洲的热带雨林中，它身上紫红相间的颜色，非常艳丽，与它身旁一朵朵的兰花极为相似，这是一种极为特别的"拟态"，让兰花螳螂可以轻易隐身在兰花丛中，采花蜜的昆虫不容易发现它，它就能轻松捕捉猎物。兰花螳螂也能利用拟态躲过鸟类、蜥蜴等天敌的追捕。兰花螳螂与兰花的拟态相似度，不只表现在身体颜色上，连肢体和翅膀，都演化成和花瓣极为相似。

姬花蛛广泛分布在北半球，是一种蟹蛛，体型很小，最大为 1 厘米。姬花蛛不结网，利用身体的保护色埋伏在花朵中，等待机会捕捉猎物。

姬花蛛靠保护色捕捉猎物

　　一般蜘蛛都会结网来捕捉猎物，不过这种生活在花上的姬花蛛却不结网，它利用身上的颜色制造出隐身效果，利用隐身术捕捉猎物。姬花蛛的体色有黄或白，会随着它所在的花朵颜色而变化，当它们栖息在白色雏菊上时，因为它身上的颜色与花朵颜色相近，所以能隐身在花朵上，等待采花蜜的昆虫靠近，再瞬间捕捉。姬花蛛靠着身体的颜色，藏身在花中，不需要奋力结网，也能饱餐一顿。

竹节虫的种类很多，外表大多模仿树枝或树叶的形状，遇到危险时，有的竹节虫还会散发有刺激气味的液体来驱逐敌人。竹节虫的主要食物为叶子，有些只会吃特定种类的树叶。

竹节虫 捉迷藏迷惑敌人

　　竹节虫的身体跟脚都很长，体型像树枝，体色也和树枝、树叶一样，连它身上的斑纹也与树枝的表皮纹路很像，让人很难发现它！当竹节虫遇到危险时，它会停止不动，展现出模仿功力，伪装成树枝藏身在树丛中，让敌人找不到它。有时候竹节虫也会模拟树枝被风吹动摇晃的样子，上下晃动身体，演技十分逼真，若是被敌人识破，竹节虫还会装死直接掉落地面，逃过追捕。除了有模仿树枝形状的竹节虫外，也有模仿叶子形状的竹节虫，它的身体宽大像叶子，还有叶脉纹路，几乎可以假乱真，因此才能骗过天敌的眼睛。

尺蠖扮演树枝躲攻击

尺蠖是尺蛾的幼虫，种类非常多，它通常都是在树上吃叶子长大。为了躲避天敌，尺蠖有着细细长长的身体，而且外表的颜色与花纹就跟树枝一样，这身树枝装扮就是尺蠖的保护色。除了一身的树枝装，尺蠖的演技也很好，当它遇到危险时，会立刻竖直身体，用后端的伪足，将身体固定在树枝上，让自己看起来像一根小树枝，以完美的装扮及高超的演技骗过天敌的眼睛，逃过一劫。

尺蠖的种类非常多，估计有 3 万多种，它独特的爬行姿态，与它脚的排列方式有关，胸部的 3 对脚，是真正的脚，有分节。腹部还有两对伪足，因为伪足的数量比其他毛虫少，所以尺蠖爬行时身体会一屈一伸，拱起身体再拉直，借由这种方式前进。

伪足

胸部的三对脚

伪足

枯叶蝶翅膀腹面的花纹与枯叶非常相像，翅膀背面才有鲜艳的颜色，当枯叶蝶停下时，翅膀总是合上，呈现出像枯叶的那面翅膀，这是它的保护色，让它在落叶堆或是树干上进食时，不容易被天敌发现。

枯叶蝶让人分不清是叶还是蝶

　　枯叶蝶生活在亚洲热带地区，当它停栖时，竖直的翅膀就像干枯的叶子一样，不仅颜色像枯叶，还有叶脉的纹路或斑点。这种像枯叶的翅膀是它们最佳的拟态与保护色，当它们停栖在树上或是地上的落叶堆吸食树汁或果实汁液时，非常难以辨认。枯叶蝶利用这身装扮骗过无数猎食者的眼睛。其实枯叶蝶只要张开翅膀，就会显现出翅膀背面鲜艳的颜色，有蓝色和橘色，非常美丽，并不输其他的蝴蝶。

翅膀腹面

翅膀背面

角蝉的体型很小，只有约 3 毫米。角蝉的种类很多，差异最大的部分是背上的角。角蝉的角很坚硬、锐利。它们不善于飞行，但跳跃能力很好。它们会以管状的口器，刺进植物的茎里吸取汁液。

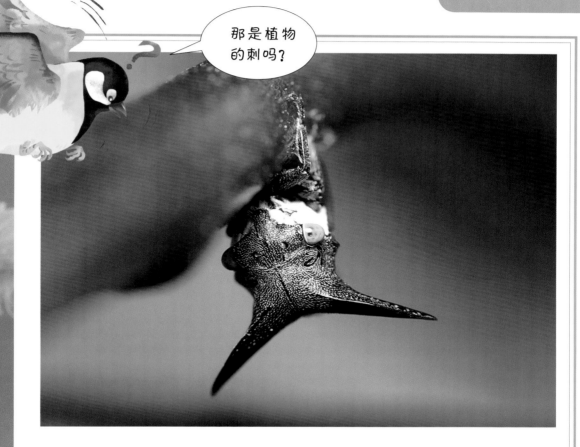

角蝉化身为刺躲危险

角蝉的体型很小，靠着吸食树汁生活，由于它们体型小、跑得慢，也没有毒性或臭味能驱赶天敌，只能靠着躲藏和模仿来求生，角蝉科的成员都有着奇特的外表，头上长着像角一样的构造，角搭配上身体的颜色，当它们定住不动时，便能模拟成植物的尖刺、鸟类粪便等这些天敌不感兴趣的东西，借此躲过天敌的注意，就能够逃过一劫。

这才是胡蜂……

虎斑天牛 当学人精化解危险

虎斑天牛身上有着黄黑相间的斑纹，当受到威胁时还会发出嗡嗡嗡的声音，虎斑天牛的斑纹及发出的声音，全都是模仿胡蜂。因为胡蜂有毒刺，吃它很有可能会被毒刺刺到，所以许多动物通常不想冒着被螫的风险吃它，当靠着视觉找食物的猎食者发现虎斑天牛时，常会因为它的颜色而误以为它是胡蜂，因而放弃吃它，虎斑天牛靠着模仿胡蜂的外形，增加了许多生存的机会。想分辨虎斑天牛和胡蜂，可以从眼睛、翅膀来区分。虎斑天牛有咀嚼式口器，肾形复眼，一般触角都很长，像鞭子一样，翅膀则收在鞘翅里。

科学家发现，比目鱼会以头部所在位置的颜色，来改变身体的颜色。

比目鱼的眼睛都长在同一侧，平常以平躺的方式，潜伏在海底。

比目鱼 隐身躲避危险

　　平坦的海底沙地里，不像珊瑚礁有礁石和岩洞能躲藏，一举一动都被看得清楚，容易被天敌吃掉。住在海底沙地的比目鱼，身体扁平，眼睛长在同一侧，将自己的身体埋在沙地里，观察着周围的动静。比目鱼利用瞬间变色的能力，模仿周围环境，让身体变成灰白的沙地颜色或水草斑纹，让身体与环境融为一体，隐身在环境中。这使得身体扁平而不利于游泳的它，遇到天敌时，也能借由隐身来保护自己，躲过一劫。比目鱼靠着眼睛观察四周环境，决定身体颜色的变化，身体的色素细胞受到外界刺激移动，几乎在瞬间就可以完成变色。

拟态章鱼 用精湛演技轻松欺敌

　　拟态章鱼居住在印度尼西亚苏拉威西岛的海底沙地中，体型不大，它的听力很差，但视力非常好。拟态章鱼的模仿功力很好，至少可以模仿10种以上生物的花纹或动作。遇到危险时，它可以将身体埋在沙地里，只露出几只腕足，模拟海蛇的动作；也可以将腕足合并，模仿比目鱼游泳的样子；还能模拟狮子鱼和海葵的模样。这些变身技巧是它重要的求生技能，当面对不同的天敌时，它会选择不同的变身对象，让它有机会逃脱，多一些生存机会。

竟然模仿我！

拟态章鱼是一种小型章鱼，长度约只有 60 厘米，体色是浅棕色或米色。它可以改变身体的形状、动作及颜色，模仿其他生物。

图书在版编目（CIP）数据

动物生存高手. 捕猎篇 / 小牛顿科学教育公司编辑团队编著. -- 北京 : 北京时代华文书局，2018.8
（小牛顿生存高手）
ISBN 978-7-5699-2484-8

Ⅰ. ①动… Ⅱ. ①小… Ⅲ. ①动物—少儿读物 Ⅳ. ①Q95-49

中国版本图书馆CIP数据核字(2018)第146523号

版权登记号 01-2018-5054

本著作中文简体版通过成都天鸢文化传播有限公司代理，经小牛顿科学教育有限公司授权中国大陆北京时代华文书局
有限公司独家出版发行，非经书面同意，不得以任何形式，任意重制转载。本著作限于中国大陆地区发行。

文稿策划：潘美慧、蔡依帆、廖经容、刘品青
图片来源：
Shutterstock：P2～41、P43～56
牛顿 / 小牛顿资料库：P42
插画：
Shutterstock：P12
邱崇杰：P3、P5、P6～7、P9～11、P14、P17、P30～31、P40、P42、P45、P49、P51、P52
杨力蒔：P19

动 物 生 存 高 手　捕 猎 篇
Dongwu Shengcun Gaoshou　Bulie Pian

编　　著｜小牛顿科学教育公司编辑团队

出 版 人｜王训海
选题策划｜王训海
责任编辑｜许日春　沙嘉蕊
校　　对｜张小蜂
装帧设计｜九　野　孙丽莉
责任印制｜刘　银

出版发行｜北京时代华文书局 http://www.bjsdsj.com.cn
　　　　　北京市东城区安定门外大街138号皇城国际大厦A座8楼
　　　　　邮编：100011　电话：010-64267955　64267677
印　　刷｜小森印刷（北京）有限公司　010-80215073
　　　　　（如发现印装质量问题，请与印刷厂联系调换）
开　　本｜889mm×1194mm　1/20　印　张｜3　字　　数｜37.5千字
版　　次｜2018年8月第1版　印　次｜2018年8月第1次印刷
书　　号｜ISBN 978-7-5699-2484-8
定　　价｜28.00元